普通高等教育高职高专“十二五”规划教材 水利水电类

水利工程测量实训指导书

主编 陈志兰

中国水利水电出版社
www.waterpub.com.cn

内 容 提 要

本书是《水利工程测量》教材的配套辅助教材，是为配合高职高专教育教学改革，探索“教、学、做”一体化教学模式而编写的，供学生课内实训使用。全书共分3个工作任务，主要介绍了在水利工程测量学习过程中所涉及的实训项目，包括高程控制测量、平面控制测量、施工测量3部分。

本书可作为高职高专工程测量技术专业《水利工程测量》课程的实训教材，也可作为水利工程、建筑工程、道路与桥梁、地籍测绘与土地管理等专业的工程测量实训教材，还可作为相关专业技术人员参考用书。

图书在版编目（CIP）数据

水利工程测量实训指导书/陈志兰主编．—北京：中国水利水电出版社，2013.4（2025.1重印）.
普通高等教育高职高专“十二五”规划教材．水利水电类
ISBN 978-7-5170-0750-0

Ⅰ.①水… Ⅱ.①陈… Ⅲ.①水利工程测量-高等职业教育-教材 Ⅳ.①TV221.1

中国版本图书馆CIP数据核字（2013）第068111号

书　名	普通高等教育高职高专“十二五”规划教材 水利水电类 **水利工程测量实训指导书**
作　者	主编　陈志兰
出版发行	中国水利水电出版社 （北京市海淀区玉渊潭南路1号D座　100038） 网址：www.waterpub.com.cn E-mail：sales@mwr.gov.cn 电话：（010）68545888（营销中心）
经　售	北京科水图书销售有限公司 电话：（010）68545874、63202643 全国各地新华书店和相关出版物销售网点
排　版	中国水利水电出版社微机排版中心
印　刷	北京印匠彩色印刷有限公司
规　格	184mm×260mm　16开本　3印张　72千字
版　次	2013年4月第1版　2025年1月第3次印刷
印　数	6001—8000册
定　价	**16.00**元

凡购买我社图书，如有缺页、倒页、脱页的，本社营销中心负责调换

前　言

水利工程测量是一门实践性很强的专业技能课程，其实训是教学过程中不可缺少的环节。只有通过实训才能加深对所学基础理论的认识，才能对测量技能获得感性的认知。因此水利工程测量实训环节是培养工程测量相关专业学生动手能力和解决问题能力行之有效的方法，也为实现工程测量相关专业人才培养目标起着重要的支撑作用。

本书以项目为导向，任务驱动的模式来进行组织编写，对每一个实训项目从实训目的、实训内容、实训仪器组织安排到具体操作详细步骤等都进行了详细的描述，让测量初学者更容易上手，培养学生具备水利工程测量的基本素质。

本书由长江工程职业技术学院陈志兰主编，长江工程职业技术学院崔建彪、郭涛担任副主编，长江工程职业技术学院陈文玲参与了部分章节编写，为保证实训指导书与教材能很好地配合，特请《水利工程测量》主编牛志宏担任本书主审。

限于编者水平，书中不妥之处在所难免，恳请读者批评指正。

编者

2013年3月

目　　录

第1章 绪　　论

1.1　水利工程测量实训的目的和内容

水利工程测量是一门实践性很强的技术基础课，水利工程测量实训是在学习理论知识以后集中一段时间进行的教学实践活动。测量实训是巩固和深化课堂所学知识的实践环节，是理论知识和实践技能相结合的综合运用，对掌握测量学的基本理论、基本知识、基本技能，建立小地区控制测量和地形图测绘的完整概念是非常必要的。通过实训，可以培养学生理论联系实际、分析问题与解决问题的能力以及实际操作能力。

1. 实训目的

水利工程测量教学实训的目的是巩固、扩大和加深学生从课堂上所学的理论知识，获得测量实际工作的初步经验和基本技能，着重培养学生独立分析问题和解决问题的能力，逐步形成严谨求实、吃苦耐劳、团结协作的测量工作作风。具体目的如下：

（1）通过实训将老师课堂上所讲的知识进行巩固，将课堂中没有掌握的知识点通过实训环节来加深理解。

（2）掌握测量学的基本理论、基本知识和基本技能。

（3）掌握自动安平水准仪和DJ6型经纬仪、全站仪等测量仪器的使用操作技能。

（4）掌握控制测量过程中必须具备的专业技能，能独立完成小区域图根控制测量内、外业工作。

（5）建筑物施工放样方法。

2. 实训的内容

根据实训大纲和实训目的要求，实训主要内容如下：

（1）水准仪的认识和使用。

（2）水准测量、观测、记录、计算。

（3）经纬仪的认识与使用。

（4）水平角、垂直角的观测。

（5）导线测量。

（6）全站仪认识与应用。

（7）水利工程测量实训。

1.2　水利工程测量实训的一般要求

在实验或实训之前，必须复习教材中的有关内容，认真、仔细地预习书本，以明确实训的目的、了解任务，熟悉实验步骤或实训过程，注意有关事项，并准备好所需文具用品。

实验或实训分组进行，组长负责组织和协调工作，办理所需仪器及工具的借领和归还手续。

实验或实训应在规定的时间进行，不得无故缺席或迟到早退；应在指定的场所进行，不得擅自改变地点或离开现场。

必须遵守本书列出的“测量仪器工具的借领与使用规则”和“测量记录与计算规则”。

应该服从教师的指导，严格按照本书的要求认真、按时、独立地完成每项实验或实训记录，经指导老师审阅同意后，才可以交还仪器工具，结束工作。

在实验或实训过程中，还应遵守纪律、爱护现场的花草、树木和农作物，爱护周围的各种公共设施，任意砍折、踩踏或损坏者都应予以赔偿。

实训中的所有观测数据一律记录在实训指导书上，且要求按正规格式填写。上交实训报告时，如需要上交观测数据，应连同本实训指导书一同上交，而且指导老师定期抽查观测。

1.2.1 测量仪器工具的借领与使用规则

对测量仪器工具的正确使用、精心爱护和科学保养，是测量人员必须具备的素质和应该掌握的技能，也是保证测量成果质量，提高测量工作效率和延长仪器工具使用寿命的必要条件。在仪器工具的借领与使用中，必须严格遵守下列规定：

1. 仪器工具的借领

（1）在教师指定的地点以小组为单位领取仪器工具。

（2）借领仪器时应该当场清点检查。检查仪器工具与其附件是否齐全、背带及提手是否牢固、三脚架是否完好等。如有缺损，可以向仪器室的老师说明并要求补领或更换。

（3）离开仪器室之前，必须锁好仪器箱并捆好各种工具；搬运仪器工具时，必须轻取轻放，避免剧烈震动。

（4）借出仪器工具后，不得擅自与其他小组调换或转借。

（5）实验或实训结束后，应及时收装仪器工具，送还到借领处检查验收，消除借领手续。如有遗失或损坏，写出书面报告说明情况，并按相关规定给予赔偿。

2. 仪器的安装

（1）在三脚架安置稳妥之后，方可打开仪器箱。开箱之前应将仪器箱放在平稳处，严禁托在手上或抱在怀里。

（2）打开仪器箱之后，要看清并记住仪器在箱中的安放位置，避免以后装箱困难。

（3）提取仪器之前，应先松开制动螺旋，最后旋紧连接螺旋，使仪器与三脚架连接牢固。

（4）装好仪器之后，注意随即关闭仪器箱盖，防止灰尘和湿气进入箱内。严禁坐在仪器箱上。

3. 仪器的使用

（1）仪器安置之后，不论是否操作，必须有人看护，以防止无关人员搬弄或行人、车辆碰撞。

(2) 在打开物镜盖时，或在观测过程中，如发现灰尘，可用镜头纸或软毛刷轻轻拭去，严禁用手指或手帕等物擦拭，以免损坏镜头上的药膜。观测结束后应及时套好物镜盖。

(3) 转动仪器时，应先松开制动螺旋，再平稳转动。使用微动螺旋时，应先旋紧制动螺旋。

(4) 制动螺旋松紧适度，微动螺旋和脚螺旋不要旋到顶端。使用各种螺旋都应均匀用力，以免损伤螺纹。

(5) 在野外使用仪器时，应该撑测伞，严防日晒、雨淋。

(6) 在仪器发生故障时，应及时向指导教师报告，不得擅自处理。

4. 仪器的搬迁

(1) 在行走不便的地区搬站时，必须将仪器装箱之后再搬迁。

(2) 短距离迁站时，可将仪器连同三脚架一起搬迁。其方法是：检查并旋紧仪器连接螺旋，松开各制动螺旋使仪器保持初始位置；再收拢三脚架，左手握住仪器基座或支架放在胸前，右手抱住三脚架放在肋下，稳步行走。严禁斜扛仪器，以防止碰摔。

(3) 搬迁时，小组其他人应协助观测员带走仪器箱和有关的工具。

5. 仪器的装箱

(1) 每次使用仪器后，应及时清除仪器上的灰尘及三脚架上的泥土。

(2) 仪器拆卸时，应先将仪器架螺旋调至大致等高的位置，再一手扶住仪器，一手松开连接螺旋，双手取下仪器。

(3) 仪器装箱时，应先松开各制动螺旋，使仪器就位正确。试关箱盖确认妥当后，再拧紧制动螺旋，而后关箱上锁。若合不上箱盖，切不可强压箱盖，以防压坏仪器。

(4) 清点所有附件和工具，防止遗失。

6. 测量工具的使用

(1) 各种花杆、标尺的使用。应注意防水、防潮，防止手横向压力，不能磨损尺面刻画和漆皮，不用时安放稳妥。塔尺的使用，还应注意接口处的正确连接、用后及时收尺等。

(2) 测图板的使用。应注意保护板面，不得乱写乱扎，不能施以重压，如观测者伏于图板上等。

(3) 小件工具如垂球、测钎、尺垫等的使用。应用完即收，防止遗失。

1.2.2 测量记录与计算规则

测量手簿是外业观测成果的记录和内业数据处理的依据，在测量手簿上记录或计算时，必须严格认真、一丝不苟，严格遵守下列规则：

(1) 在测量手簿上书写前，必须准备好硬性（2H 或 3H）铅笔，同时熟悉表上各项内容及填写、计算方法。

(2) 记录观测数据之前，应将表头的仪器型号、编号、日期、天气、测站、观测者及记录者等无一遗漏地填写齐全。

(3) 观测者读数后，记录者应随即在测量手簿上的相应栏内填写，并复诵回报以资检核。不得用其他纸张记录事后转抄。

(4) 记录时要求字体端正、清晰，数位对齐，字体的大小一般占格宽的1/3～1/2，字脚靠近底线；表示精度或占位的“0”（如水准尺读数1.5000或0.234，度盘读数93°04′00″中的“0”）均不能省略。

(5) 观测数据的尾数不得更改，读错后必须重测、重记。例如，角度测量时，秒级数字出错，应重测该测回；水准测量时，毫米级数字出错，应重测该测站；钢尺量距时，毫米级数字出错，应重测该尺段。

(6) 观测数据的前几位若出错时，应用细横画线划去错误的数字，并在原数字上方写出正确的数字。注意不得涂擦已记录的数据。禁止连续更改数字。例如，水准测量中的黑、红面读数；角度测量中的盘左、盘右读数；距离测量中往、返测等，均不能同时更改，否则在成果检核时必要求重测。

(7) 记录数据修改后或观测成果舍去后，都应在备注栏内写明原因（如测错、记错或超限等）。

(8) 每站观测结束后，必须在现场完成规定的计算和检核，确认无误后方可迁站。

(9) 数据运算应根据所取位数，按“4舍6入，5前单进双舍”的规则进行凑整。例如，对1.4244m、1.4236m、1.4235m、1.4245m这几个数据，若取到mm位，则均应记为1.424m。

(10) 应该保持测量手簿的整洁，严禁在手簿上书写无关的内容，更不得丢失手簿。

第2章 高程控制测量

2.1 概　　述

高程控制测量是控制测量中的一个重要组成部分，通常所说的高程控制测量指的是用几何水准法或三角高程法布设高程控制网，并对其测量的结果进行平差解算，获得各控制点的高程。我国采用的高程系统有1985年国家高程系统和1956年黄海高程系统，但目前大部分采用的是1985年国家高程基准，高程基准为72.260m。另外，高程控制测量是技术要求较高的测量技术，学生要较好地掌握高程控制测量理论知识后，方可进行实际的操作训练。本章在实训设计时是针对整个高程控制测量的过程进行的。

根据工程实际程序，高程控制测量的工作过程可分为以下几项：

（1）高程控制测量技术设计。

（2）高程控制网的选点、组网、埋石、绘制点之记。

（3）高程控制测量外业观测。

（4）高程控制测量内业计算。

（5）高程控制测量技术总结。

2.2 实训项目1 水准仪、水准标尺的认识与使用

1. 实训目的

（1）了解普通水准仪的结构及各部件的功能。

（2）熟悉水准标尺的结构和刻画方法。

（3）熟悉水准仪的安置、瞄准与读数。

（4）理解视差的概念。

2. 实训内容

（1）水准仪安置及使用方法。

（2）识读水准标尺及如何辨认两根尺子。

（3）水准测量读数方法。

3. 实训仪器及工具

每4～5人为一个实训小组，每组领用DS3型水准仪1台套、红色起始刻度不同的2根水准尺。自备铅笔、小刀、水准测量记录手簿。

4. 实训步骤及要点

（1）安置仪器。将三脚架张开，使其高度在胸口附近，架头大致水平，并将三脚架脚

尖踩入土中，然后用连接螺旋将仪器连在三脚架上。

（2）认识仪器。了解仪器各部件的名称及其作用，并熟悉其使用方法。熟悉水准标尺的分划注记。

（3）粗略整平。先对向转动两只脚螺旋，使圆水准器气泡向中间移动，再转动第三只脚螺旋，使气泡移至居中位置。

（4）瞄准。转动目镜调焦螺旋，使十字丝清晰；转动仪器，用准星和粗瞄器瞄准水准标尺，拧紧制动螺旋（手感螺旋有阻力），转动微动螺旋，使水准标尺成像在十字丝交点处。当成像不太清晰时，转动对光螺旋，消除视差，使目标清晰。

（5）精平（自动安平水准没有此项）。在水准管气泡窗观察，转动微倾螺旋，使符合水准管气泡两端的半影像吻合，视线即处于精平状态。

（6）读数。在同一瞬间立即用中丝在水准标尺上读取 m、dm、cm，估读 mm，即读出4位有效数字。

5. 注意事项

（1）不要在没有消除视差的情况下进行读数。

（2）在水准标尺上读数时，符合水准气泡必须居中，不能用脚螺旋调整符合水准气泡居中（注：自动安平水准仪没有此项要求）。

6. 上交资料

实验结束时，每人必须完成实训报告一。

实训报告一

水准仪的认识和使用

1. 完成下列填空

（1）安置仪器后，转动________使圆水准气泡居中，转动________看清十字丝，通过________瞄准水准标尺，转动________精确照准水准标尺，转动________消除视差。

（2）转动__________使符合水准气泡居中，最后读数（注：自动安平水准仪没这项工作）。

（3）消除视差的步骤是转动__________使__________清晰，再转动__________使__________清晰。

2. 实验记录计算

（1）记录水准标尺上读数，见表2-1。

表2-1　　标尺读数记录表

A尺	B尺	C尺

（2）计算。

1）A点比B点（高、低）________ m。

2）A点比C点（高、低）________ m。

3）B 点比 C 点（高、低）________ m。

4）假设 C 点的高程 H_C＝________ m，求 A 点和 B 点的高程 H_A＝________ m，H_B＝________ m，水准仪的视线高 H_i＝________ m。

2.3　实训项目2　等外水准测量

1. 实训目的

（1）熟悉等外水准测量的观测方法、程序。

（2）熟悉等外水准测量的记录方法。

（3）进一步理解多测站水准测量的原理。

2. 实训内容

（1）等外水准测量的观测方法、程序。

（2）等外水准测量记录、计算。

3. 实训仪器及工具

每4～5人为一个实训小组，每组领用水准仪一台、水准标尺2根、尺垫2个。自备铅笔、小刀、水准测量手簿。

4. 实训步骤

（1）选择一条水准路线。

每组选定一条闭合（或符合）水准路线，长度以安置4～6个测站为宜，中间设2～3个待定点。

（2）“普通水准测量”操作步骤。

1）设置转点。背离已知点方向为前进方向，在其间要设若干转点。第1站安置水准仪在 A 点与转点1（拼音缩写 ZD_1、英文缩写 TP_1）之间，前、后距离大约相等，其距离不超过100m。

2）测量操作程序。

a. 后视 A 点上的水准标尺，精平，分别进行目镜和物镜调焦，使水准尺在十字丝板上成清晰影像，用中丝读取后尺读数，记入实训报告二的表2-2中。前视转点1上的水准标尺，并精平读数，记入表2-2中。然后立即计算该站的高差。

b. 迁至第2站，继续上述操作程序，直到最后回到 A 点（或另一个已知水准点）。

（3）测量检核。

1）根据已知点高程及各测站高差，计算水准路线的高差闭合差，并检查高差闭合差是否超限，其限差公式为

$$f_{h容}=\pm 12\sqrt{n}\quad (mm)$$

或

$$f_{h容}=\pm 40\sqrt{L}\quad (mm)$$

式中　$f_{h容}$——高差闭合差限值；

n——测站数；

L——水准路线的长度，km。

2）若高差闭合差在容许范围内，则对高差闭合差进行调整，计算各待定点的高程。

5. 注意事项

(1) 在每次读数之前，要消除视差，并使符合水准气泡严格居中（自动安平水准没有此项要求）。

(2) 在已知点和待定点上不能放置尺垫，但转点必须用尺垫，在仪器迁站时，前视点的尺垫不能移动。

6. 上交材料

实训结束时，每人必须完成实训报告二。

实训报告二

等外水准测量

1. 水准测量记录及高差计算

实验数据记入表2-2中，并进行高差计算，确保高差总和无误。

2. 待定点高程计算

根据表2-2的计算，求待定点高程，填入表2-3中。

表2-2 等外水准测量记录

测站	点号	后视读数	前视读数	高差	高程	备注
	Σ					

表 2－3　　　　　　　　　　　　待定点高程计算

点号	距离	测站数	高差（m）			高程（m）	备注
			观测值	改正数	平差值		
辅助计算							

2.4　实训项目 3　四等水准测量的观测与记录

1. 实训目的

（1）熟悉四等水准测量的观测程序和方法。

（2）理解四等水准测量的记录和计算方法。

（3）独立进行四等水准测量的观测。

（4）独立完成四等水准测量记录和计算。

2. 实训内容

（1）四等水准测量规范的观测方法和程序。

（2）四等水准测量记录、计算的规范。

3. 实训仪器及工具

每 4～5 人为一个实训小组，每组领用水准仪 1 台、水准标尺 2 根、尺垫 2 个。自备铅笔、小刀、水准测量手簿。

4. 实训步骤及要点

（1）首先由辅导老师讲解本次实训的基本要求，并进行示范操作。

（2）背离已知点方向为前进方向，在每两点之间观测 2 站，前、后距离大约相等，其距离不超过 100m。

（3）每一测站的观测程序如下：

1）粗平仪器，用脚螺旋使圆气泡居中。

2）瞄准后视水准标尺，物镜、目镜调焦，消除视差。

3）精平仪器，用微倾螺旋使水准管的“两个半影像”完全吻合（自动安平水准仪没有此步骤）。

4）用十字丝的下丝（自动安平水准仪为上丝）读取后视水准标尺黑面读数，用上丝（自动安平水准仪为下丝）读取后视水准标尺黑面读数，并将这两个读数记录在记录表格对应的栏目中。

5）用十字丝中丝读取后视水准标尺黑面读数，并将读数记录在记录表格对应的栏目中。

6）用十字丝中丝读取后视水准标尺红面读数，并将读数记录在记录表格对应的栏目中。

7）瞄准前视水准标尺，精平仪器。用十字丝的下丝（自动安平水准仪为上丝）读取前视水准标尺黑面读数，用上丝（自动安平水准仪为下丝）读取前视水准标尺黑面读数，并将这两个读数记录在记录表格对应的栏目中。

8）用十字丝中丝读取前视水准标尺黑面读数，并将读数记录在记录表格对应的栏目中。

9）用十字丝中丝读取前视水准标尺红面读数，并将读数记录在记录表格对应的栏目中。

（4）将所有观测数据记入表2-4中，然后进行各项计算并算出该站的高差。

（5）迁下一测站，继续上述操作程序。

5. 注意事项

（1）在每次读数之前，要消除视差，并使符合水准气泡严格居中（自动安平水准仪没有此项要求）。

（2）在已知点和待定点上不能放置尺垫，但转点必须用尺垫，在仪器迁站时，前视点的尺垫不能移动。

（3）要求每位同学掌握一测站的观测、记录计算方法。

（4）在记录表格中注明观测记录顺序（用数字注明即可）。

6. 上交资料

实训结束后每位同学需上交实训报告三。

实训报告三

表2-4　　四等水准测量记录表

<table>
<tr><td rowspan="2">测站</td><td rowspan="2">后尺</td><td>上丝</td><td rowspan="2">前尺</td><td>上丝</td><td rowspan="4">方向及尺号</td><td colspan="2" rowspan="2">标尺读数</td><td rowspan="4">K加黑减红</td><td rowspan="4">高差中数</td><td rowspan="4">备注</td></tr>
<tr><td>下丝</td><td>下丝</td></tr>
<tr><td rowspan="2">编号</td><td colspan="2">后距</td><td colspan="2">前距</td><td rowspan="2">黑面</td><td rowspan="2">红面</td></tr>
<tr><td colspan="2">视距差 d</td><td colspan="2">$\sum d$</td></tr>
<tr><td rowspan="4"></td><td colspan="2"></td><td colspan="2"></td><td>后</td><td></td><td></td><td></td><td></td><td rowspan="4"></td></tr>
<tr><td colspan="2"></td><td colspan="2"></td><td>前</td><td></td><td></td><td></td><td></td></tr>
<tr><td colspan="2"></td><td colspan="2"></td><td>后—前</td><td></td><td></td><td></td><td></td></tr>
<tr><td colspan="2"></td><td colspan="2"></td><td></td><td></td><td></td><td></td><td></td></tr>
</table>

续表

测站编号	后尺 上丝 下丝	前尺 上丝 下丝	方向及尺号	标尺读数		K加黑减红	高差中数	备注
	后距	前距		黑面	红面			
	视距差 d	Σd						
			后					
			前					
			后—前					

2.5 实训项目4 四等水准测量的计算和限差检核

1. 实训目的

(1) 熟悉四等水准测量的记录和计算方法。

(2) 熟悉四等水准测量的限差规定。

(3) 独立进行四等水准测量在两点间的往、返观测。

(4) 独立完成两点间的往、返观测记录并计算。

2. 实训内容

(1) 讲解四等水准测量记录、计算的快速算法。

(2) 进一步规范四等水准测量的测量方法。

3. 实训仪器及工具

每4～5人为一个实训小组，每组领用水准仪1台、水准标尺2根、尺垫2个。自备铅笔、小刀、测距手簿。

4. 实训步骤及要点

(1) 首先由辅导老师讲解本次实训的基本要求，并进行示范操作。

(2) 背离已知点方向为前进方向，在每两点之间设置偶数站，前、后距离大约相等，其距离不超过100m。

(3) 每一测站的操作程序按照“后—前—前—后”或者“后—后—前—前”来进行。详细步骤见“实训项目3 四等水准测量的观测与记录”，并将各观测数据记入表2-5中。然后计算各项限差和该站的高差及高差中数。

注：一测站的限差有：

1) 前、后视距差 $d \leqslant 3$m。

2) 前、后视距累计差 $\Sigma d \leqslant 10$m。

3) 红、黑面中丝读数差，即（K＋黑－红）$\leqslant$3mm。

4) 红、黑面高差之差［黑面高差 －（红面高差±0.1）］$\leqslant$5mm。

5) 后尺红、黑面中丝读数差－前尺红、黑面中丝读数差 ＝ 黑面高差－(红面高差±0.1)。

(4) 在一测站所有限差符合要求后迁下一测站，继续上述操作程序。

(5) 往测完成后，即刻进行返测。

5. 注意事项

(1) 在每次读数之前，要消除视差，并使符合水准气泡严格居中（自动安平水准仪没有此项要求）。

(2) 在已知点和待定点上不能放置尺垫，但转点必须用尺垫，在仪器迁站时，前视点的尺垫不能移动。

(3) 本次只要求每位同学进一步掌握四等水准观测一测站的观测、记录、各项限差的计算的快速算法等内容。

6. 上交资料

实训结束时，每组必须完成实训报告四。

实训报告四

四等水准测量计算和限差检核

1. 水准测量记录及高差中数计算

实验数据记入表2-5中，并进行高差计算，确保各项校核无误。

表2-5 四等水准测量记录

测站	后尺 上丝	前尺 上丝	方向及尺号	标尺读数		K加黑减红	高差中数	备注
	后尺 下丝	前尺 下丝		黑面	红面			
编号	后距	前距						
	视距差 d	$\sum d$						
			后					
			前					
			后—前					
			后					
			前					
			后—前					
			后					
			前					
			后—前					
			后					
			前					
			后—前					

2. 检核计算

（1）往测部分的校核计算。

∑后视距离： ∑前视距离： 往测末站∑d： 往测总距离：

∑黑面后视中丝读数： ∑红面后视中丝读数： ∑高差中数：

∑黑面前视中丝读数： ∑红面前视中丝读数：

∑黑面高差： ∑红面高差： ∑黑面高差－∑红面高差：

[∑黑面高差＋∑红面高差]/2：

（2）返测部分的校核计算。

∑后视距离： ∑前视距离： 返测末站∑d： 返测总距离：

∑黑面后视中丝读数： ∑红面后视中丝读数： ∑高差中数：

∑黑面前视中丝读数： ∑红面前视中丝读数：

∑黑面高差： ∑红面高差： ∑黑面高差－∑红面高差：

[∑黑面高差＋∑红面高差]/2：

2.6 实训项目5 四等水准测量综合训练

1. 实训目的

（1）熟练掌握四等水准测量的观测、记录计算和检核的方法。

（2）掌握四等水准测量的闭合差调整及求出待定点高程。

（3）独立进行连续的四等水准测量。

（4）独立完成一条单一水准路线的观测记录和计算。

（5）独立完成合格的单一水准路线观测成果。

2. 实训内容

（1）四等水准测量记录、计算的快速算法。

（2）进一步规范四等水准测量的测量方法。

（3）提高水准测量成果的方法和措施。

3. 实训仪器及工具

每4～5人为一个实训小组，每组领用水准仪1台、水准标尺2根、尺垫2个。自备铅笔、小刀、测距手簿。

4. 实训步骤及要点

（1）背离已知点方向为前进方向，在每两点之间设置偶数站，前、后距离大致相等，其距离不超过50m。

（2）每一测站的操作程序按照“后—前—前—后”或者“后—后—前—前”来进行。详细步骤见“实训情景三 四等水准测量的观测和记录”，记入表2－6中并立即对该站进行各项差检核的计算（每站各项限差的计算内容详见“实训情景四 四等水准测量的计算和限差检核”）和高差中数的计算。

（3）迁下一测站，继续上述操作程序，直到最后回到A点（或另一个已知水准点）。

（4）根据已知点高程及各测站高差，计算水准路线的高差闭合差，并检查高差闭合差

是否超限，其限差公式为

$$f_{h容}=\pm 20\sqrt{L}\,(\text{mm})$$

或

$$f_{h容}=\pm 8\sqrt{n}\,(\text{mm})$$

式中 n——测站数；

L——水准路线的长度，km。

（5）若高差闭合差在容许范围内，则对高差闭合差进行调整，计算待定点的高程。

5. 注意事项

（1）在每次读数之前，要消除视差。

（2）用微倾螺旋使符合水准气泡严格居中（自动安平水准仪没有此项）。

（3）必须在每一测站的各项限差达到规范要求的前提下才能迁移测站。

（4）在已知点和待定点上不能放置尺垫，但转点必须用尺垫，在仪器迁站时，前视点的尺垫不能移动。

6. 上交资料

实训结束时，每组必须完成一份合格的实训报告五。

实训报告五

四等水准测量综合训练

1. 实验数据记录

将实验数据记入表2-6，并进行高差计算，确保各项校核无误。

表2-6　四等水准测量记录

<table>
<tr><td>测站</td><td rowspan="2">后尺</td><td>上丝</td><td rowspan="2">前尺</td><td>上丝</td><td rowspan="4">方向及尺号</td><td colspan="2">标尺读数</td><td rowspan="4">K加黑减红</td><td rowspan="4">高差中数</td><td rowspan="4">备注</td></tr>
<tr><td></td><td>下丝</td><td>下丝</td><td rowspan="3">黑面</td><td rowspan="3">红面</td></tr>
<tr><td rowspan="2">编号</td><td colspan="2">后　距</td><td colspan="2">前　距</td></tr>
<tr><td colspan="2">视距差 d</td><td colspan="2">Σd</td></tr>
<tr><td rowspan="4"></td><td colspan="2"></td><td colspan="2"></td><td>后</td><td></td><td></td><td></td><td rowspan="4"></td><td rowspan="4"></td></tr>
<tr><td colspan="2"></td><td colspan="2"></td><td>前</td><td></td><td></td><td></td></tr>
<tr><td colspan="2"></td><td colspan="2"></td><td>后—前</td><td></td><td></td><td></td></tr>
<tr><td colspan="2"></td><td colspan="2"></td><td></td><td></td><td></td><td></td></tr>
<tr><td rowspan="4"></td><td colspan="2"></td><td colspan="2"></td><td>后</td><td></td><td></td><td></td><td rowspan="4"></td><td rowspan="4"></td></tr>
<tr><td colspan="2"></td><td colspan="2"></td><td>前</td><td></td><td></td><td></td></tr>
<tr><td colspan="2"></td><td colspan="2"></td><td>后—前</td><td></td><td></td><td></td></tr>
<tr><td colspan="2"></td><td colspan="2"></td><td></td><td></td><td></td><td></td></tr>
</table>

续表

测站编号	后尺 上丝 / 下丝	前尺 上丝 / 下丝	方向及尺号	标尺读数		K加黑减红	高差中数	备注
	后距	前距		黑面	红面			
	视距差 d	$\sum d$						
			后					
			前					
			后—前					
			后					
			前					
			后—前					
			后					
			前					
			后—前					
			后					
			前					
			后—前					
			后					
			前					
			后—前					

2. 检核计算

$\sum$后视距离：　　$\sum$前视距离：　　往测末站$\sum d$：　　往测总距离：

$\sum$黑面后视中丝读数：　　$\sum$红面后视中丝读数：　　$\sum$高差中数：

$\sum$黑面前视中丝读数：　　$\sum$红面前视中丝读数：

$\sum$黑面高差：　　$\sum$红面高差：　　$\sum$黑面高差－$\sum$红面高差：

[$\sum$黑面高差 ＋ $\sum$红面高差]/2 ：

3. 待定点高程计算

根据表 2 - 6 的计算，填入表 2 - 7，求待定点高程。

表 2 - 7　　待定点高程计算

点号	距离	测站数	高差（m）			高程	备注
			观测值	改正数	平差值		
辅助计算							

第3章 平面控制测量

3.1 概 述

导线测量目前是建立平面控制网的主要形式，导线布设的基本形式有闭合导线、附合导线和支导线3种。

1. 闭合导线

导线是从一高级控制点（起始点）开始，经过各个导线点，最后又回到原来起始点，形成闭合多边形，这种导线称为闭合导线。闭合导线有着严密的几何条件，构成对观测成果的校核作用，常用于面积开阔的局部地区控制。

2. 附合导线

导线是从一高级控制点（起始点）开始，经过各个导线点，附合到另一高级控制点（终点），形成连续折线，这种导线称为附合导线。附合导线由本身的已知条件构成对观测成果的校核作用，常用于带状地区的控制。

3. 支导线

导线是从一高级控制点（起始点）开始，既不附合到另一个控制点，又不闭合到原来起始点，这种导线称为支导线。由于支导线无校核条件，不易发现错误，一般不宜采用。在导线点不能满足局部测图时增设支导线。

导线测量依其工作过程基本包含以下内容：导线的技术设计、选点、埋石、绘制点之记、野外数据采集、概算验算与平差计算、导线的技术总结。

基于导线测量的整个过程，本章安排的实训项目如下：

（1）实训项目6 经纬仪的认识与安置。

（2）实训项目7 经纬仪的使用。

（3）实训项目8 全站仪的测角测距。

（4）实训项目9 水平角的观测（测回法）。

（5）实训项目10 水平角的观测（全圆测回法）。

（6）实训项目11 垂直角的观测。

（7）实训项目12 导线测量综合实训。

3.2 实训项目6 经纬仪的认识与安置

1. 实训目的

（1）认识经纬仪的基本结构。

(2) 了解各部件的作用与功能。

(3) 掌握经纬仪基本操作要领。

(4) 掌握配置水平读盘的方法。

2. 实训内容

(1) 至少认识两种不同品牌的经纬仪的结构及各部件的名称、位置、功能，掌握各部件的操作方法。

(2) 通过反复练习掌握对中整平仪器的方法。

(3) 通过观察了解制动、微动机构的关系、构造和原理。

3. 实训仪器及工具

每组轮流领用1台经纬仪（带三脚架）、1块记录板，自备记录纸若干（注：班级内各实训小组分别领取不同品牌的不同型号经纬仪，不同仪器之间进行交换）。

4. 实训步骤

经纬仪安置操作程序如下：

(1) 打开三脚架腿，调整好其长度，使三脚架高度适合于观测者的高度，张开三脚架，将其安置在测站上，使架头大致水平。

(2) 将经纬仪由箱中取出（双手握住仪器的支架；或一只手握住支架，另一只手握住基座，严禁单手提取望远镜部分）放置在三脚架头上，并使仪器基座中心基本对齐三脚架的中心，旋紧连接螺旋后，即可进行安装中主要的两项工作：对中和整平。

1) 对中。对中的目的是使用仪器的中心（竖轴）与测站点（角的顶点）位于同一铅垂线上。这是测量水平角的基本要求。使用光学对中器对中应与仪器整平结合进行。光学对中的步骤如下：

a. 将经纬仪固定在三脚架上，调整对中器目镜焦距，使对中器的圆圈标志和测站点影像清晰。

b. 转动仪器脚螺旋，使测站点影像位于圆圈中心。

c. 伸缩三脚架腿，使圆水准气泡居中。然后旋转脚螺旋，通过管水准整平仪器。

d. 查看对中情况，若偏离不大，可以通过松开连接螺旋，平移仪器使圆圈套住测站点位，精确对中。若偏离太远，应重新整置三脚架，直到达到对中的要求为止。

2) 整平。整平的目的是使仪器的水平度盘位于水平位置或使仪器的竖轴位于铅垂方向。整平分两步进行：

a. 首先用脚螺旋使圆水准气泡居中，即概略整平。其主要是通过伸缩三脚架腿或旋转脚螺旋使圆水准气泡居中，其规律是圆水准气泡向伸高三脚架腿的一侧移动。

b. 其次是精确整平。精确整平是通过旋转脚螺旋使照准管水准器在相互垂直的两个方向上气泡都居中。精确整平的方法如图3-1所示。

(3) 旋转仪器使照准管水准器与任意两个脚螺旋的连线平行，用两手同时相对或相反方向转动这两个脚螺旋，使气泡居中。

(4) 然后将仪器旋转90°，使水准管与前两个脚螺旋连线垂直，转动第三个脚螺旋，使气泡居中。如果水准管位置正确，如此反复进行数次即可达到精确整平的目的，即管水准器转到任何方向时，水准气泡都居中，或偏离不超过1格。

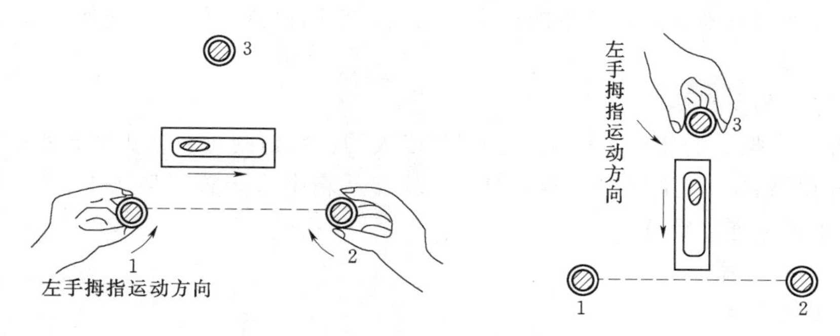

图3-1　整平原理示意图

5. 注意事项

（1）实训前要复习课本上有关内容，了解实训的内容及要求。

（2）严格遵守测量仪器的使用规则，对中后应及时拧紧连接螺旋和三脚架腿固定螺钉。

（3）经纬仪在使用过程中必须倍加爱护。除了在思想上重视外，在工作过程中还要采取有效措施，在光滑地面上设站时，应将三脚架腿固定好，以防止架腿滑动；在山坡上设站时，应使三脚架的两个腿在下坡，一个腿在上坡，以保障仪器稳定、安全。确保仪器正常工作，杜绝损坏仪器的事故发生。

6. 上交资料

每人提交实训报告一份（注：实训报告编写提纲），包括以下内容：

（1）实训名称、目的、时间和地点。

（2）所用仪器名称及编号。

（3）附各次读数记录及读数窗中的影像图。

（4）实训心得与建议。

3.3　实训项目7　经纬仪的使用

1. 实训目的

（1）熟练掌握经纬仪的安置方法（要求对中误差小于3mm，整平误差小于一格）。

（2）熟悉配置度盘方法。

2. 实训内容

（1）反复练习掌握对中整平仪器的方法。

（2）照准任一目标，进行读数记录的操作。

（3）掌握配置度盘的方法。

3. 实训仪器及工具

每组轮流领用1台经纬仪（带三脚架）、1块记录板，自备记录纸若干（注：班级内各实训小组分别领取不同品牌的不同型号经纬仪，不同仪器之间进行交换）。

4. 实训步骤

（1）经纬仪的安置。

1）松开三脚架，安置于测站点上。其高度大约在胸口附近，架头大致水平。

2）打开仪器箱，双手握住仪器支架，将仪器从箱中取出置于架头上。一只手紧握支架，另一只手拧紧连接螺旋。

3）严格对中整平。

（2）经纬仪读数。

1）瞄准。用望远镜上瞄准器瞄准目标，从望远镜中看到目标，旋转望远镜和照准部的制动螺旋，转动目镜螺旋，使十字丝清晰。再转动物镜对光螺旋，使目标影像清晰，转动望远镜和照准部的微动螺旋，使目标被单根竖丝平分，或将目标夹在双根竖丝中央。

2）读数。对于电子经纬仪，液晶显示屏上直接有显示，但一定要注意是 HR 还是 HL，即是顺时针记数还是逆时针记数。

3）配置度盘：各测回零方向的起始数值 δ 按下列公式计算，即

$$\delta=\frac{180}{n}(i-1)$$

式中　n——测回数；

i——测回的序号。

以电子经纬仪为例（两个测回的度盘配置）：

第一测回度盘应配置为 0°，先精确瞄准目标，然后连按两次 0SET 键，度盘即显示为 0°，再看是否精确瞄准目标，若没有则调节水平微动螺旋，使其精确瞄准目标。

第二测回应配置为 90°，先转动水平度盘，使其位于 90°附近，进行水平制动；然后调节水平微动螺旋，使其略大于 90°，连按两次 HOLD 键锁定；再松开制动，转动望远镜使其精确瞄准目标；按一次 HOLD 键解除锁定；再看是否精确瞄准目标，若没有则调节水平微动螺旋，使其精确瞄准目标（除了 0°可以直接置零以外，其余角度的配置均按此方法）。

5. 注意事项

（1）实训前要复习教材上有关内容，了解实训的内容及要求。

（2）检查对中偏差应符合限差要求。

（3）经纬仪在使用过程中必须倍加爱护。

6. 上交资料

每人提交实训报告一份（注：实训报告编写提纲），内容如下：

（1）实训名称、目的、时间和地点。

（2）所用仪器名称及编号。

（3）实训过程中读数记录原始资料。

（4）实训心得与建议。

3.4 实训项目8 全站仪的测角测距

1. 实训目的

(1) 了解3～4种全站仪的应用，对全站仪测角、测距的特点、分类及精度指标有一个全面的认识。

(2) 以一种全站仪为例，学会正确安置仪器和反射棱镜的方法，并正确测量其高度。

(3) 掌握全站仪基本设置内容和方法。

(4) 熟练进行水平角、斜距、平距的测量方法。

2. 实训内容

(1) 正确安置全站仪及反射棱镜，并测量仪器高和棱镜高。

(2) 熟悉全站仪的各种旋钮，制动、微动机构等功能，按仪器说明书进行键盘操作练习，熟记各按键功能。

(3) 对全站仪进行基本设置。

(4) 按照要求对水平度盘进行配置。

(5) 用全站仪进行水平角、斜距、平距的测量练习。

3. 实训仪器及工具

每4～5人为一个实训小组，每组领用全站仪主机1台（含三脚架）、单棱镜反射器及支架、温度计1只、气压计1个、记录板1块；自备铅笔、小刀、测距手簿。

4. 实训步骤

(1) 由指导教师讲述仪器外部构件及作用。

(2) 讲述测距的方法及程序。

(3) 由教师进行操作测距作业。

(4) 测距步骤如下：

1) 将全站仪和反射棱镜按规定的操作方法分别置于测站和镜站上。

2) 开机后选择温度、气压、棱镜常数等的设置与输入方法。

3) 选择精测、粗测与跟踪测量模式（一般选精测）。

4) 选择平距、斜距、高差等测量模式。

5) 输入仪器高、觇标高。

6) 用望远镜十字丝照准反射棱镜。

7) 轻轻按一下测距按键（按一下后即松手），进行测距。

8) 记录水平角、距离观测值。

5. 注意事项

(1) 人人均应遵守纪律，认真观看仪器的外形，了解操作面板上各元件在测距工作中的作用。

(2) 未经指导教师允许，不要任意动手操作仪器，以免因操作不当而发生事故。

(3) 切不可将照准头对准太阳，以免伤眼及损坏光电元件。

(4) 同一视场内只允许在镜站安放反射棱镜，并应避免测线两侧及镜站后方有其他光源及反射物体；否则将产生测距粗差。

(5) 仪器应在大气比较稳定和通视较好的条件下进行观测。

(6) 仪器切勿日晒、雨淋，作业时应打伞保护仪器。经常保持仪器清洁和干燥，在运输过程中注意防震。

(7) 在操作过程中，动作要轻，按键盘上各键不能用力过猛。

6. 上交资料

每人上交一份测全站仪认识与测角、测距实训报告（注：实训报告编写提纲），内容如下：

(1) 写明实训名称、目的、时间和地点。

(2) 写明所用仪器及编号。

(3) 简述测距、测角方法及应注意的规则。

(4) 附观测记录及成果整理。

(5) 实训体会与建议。

3.5 实训项目9 水平角的观测（测回法）

1. 实训目的

(1) 掌握水平角测回法观测的操作方法。

(2) 掌握测回法记录和计算方法。

(3) 领会规范中对方向观测所制定的各项规定。

(4) 掌握测站各项限差要求、对方向观测的成果质量进行判别及处理的方法。

2. 实训内容

(1) 正确安置经纬仪，严格对中、整平。

(2) 练习测回法的观测程序。

(3) 练习测回法测水平角观测法记录表格的填写次序和方法。

(4) 每人至少观测3个测回，全组完成一套9个测回合格成果。

(5) 对不合格的成果返工重测。

3. 实训仪器及工具

每4～5人为一个实训小组，每组领用电子经纬仪1台、测钎2个、记录板1块；自备铅笔、小刀、记录手簿。每人进行两个方向两测回的观测和记录。

4. 实训步骤

(1) 在实验场地每组打一根木桩，桩顶钉一小钉或画十字作为测站点（水泥地可用油漆或粉笔画十字），周围布置 A、B 两个目标，供测角用（图3-2）。

(2) 在测站点安置经纬仪，并对中、整平。

(3) 盘左位置，瞄准左手方向的目标 A，使标杆或测钎准确地夹在双竖丝中间（或单丝去平分），配置度盘，读取水平度盘读数 $a_{左}$，记入观测手簿。

（4）松开水平制动，顺时针方向转动照准部，用同样的方法瞄准目标 B，读记水平度盘读数 $b_{左}$。

（5）倒转望远镜，盘左变成盘右，按上述方法先瞄准目标 B，读记水平度盘读数 $b_{右}$。

（6）逆时针方向转动照准部，瞄准目标 A，读记水平度盘读数 $a_{右}$。

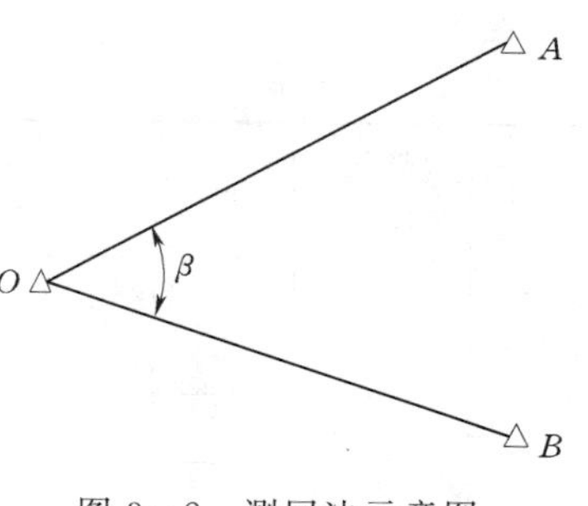

图 3-2 测回法示意图

（7）盘右位置，松开照准部和望远镜制动螺旋，纵转望远镜成盘右位置，瞄准原右手方向的目标，读取水平度盘读数，记入观测手簿；然后松开照准部制动螺旋，逆时针方向转动照准部，瞄准原左手方向的目标，读取水平度盘读数，记入观测手簿。

（8）计算。

上半测回角值为

$$\beta_{左}=b_{左}-a_{左}$$

下半测回角值为

$$\beta_{右}=b_{右}-a_{右}$$

一测回的观测结果为

$$\beta=\frac{1}{2}(\beta_{左}+\beta_{右})$$

5. 注意事项

（1）为了降低标杆或测钎竖立不直的影响，目标不能瞄错，并尽量瞄准目标下端。

（2）立即计算角值，如果超限应重测。

（3）对于DJ6经纬仪半测回角度差应小于40″，各测回角值之差应小于24″，如果超限，应找出原因并重测。

6. 上交资料

每组上交一份大于4个方向9个测回的合格成果（所有原始记录一律上交），并提交一份测回法实训报告六（注：实训报告编写提纲），内容如下：

（1）写明本次实训的名称、目的、时间及地点。

（2）写明所检验仪器的名称及编号。

（3）附观测记录表格及成果整理。

（4）实训体会与建议。

实训报告六

测回法观测手簿

测回法观测手簿数据记录表见表3-1。

表3-1　　　　　　　　　　**数据记录表**

组别：　　　　仪器号码：　　　　　　　　　　　　　　　　　　年　　月　　日

测站	竖盘位置	目标	水平度盘读数	半测回	一测回角值	各测回平均角值

3.6　实训项目10　水平角的观测（全圆测回法）

1. 实训目的

（1）掌握全圆测回法的操作方法。

（2）掌握全圆测回法的记录、计算方法。

（3）领会规范中对方向观测所制定的各项规定。

（4）掌握测站各项限差要求，对方向观测的成果质量进行判别及处理的方法。

2. 实训内容

（1）正确安置经纬仪，严格对中、整平。

（2）练习全圆测回法的观测程序。

（3）练习全圆测回法测水平角观测法记录表格的填写次序和方法。

（4）每人至少观测1～2个合格测回。

（5）对不合格的成果返工重测。

3. 实训仪器及工具

每4～5人为一个实训小组，每组领用电子经纬仪1台、测钎4个（可几个组共用）、记录板1块；自备铅笔、小刀、记录手簿。

4. 实训步骤

（1）具体步骤。

1）每组在实验场地打一个木桩，桩顶钉一个小钉或划十字作为测站点（水泥地可用油漆或粉笔画十字），在测站点周围适当位置布置 A、B、C、D 4个目标，置上测钎，供测角用（图3-3）。

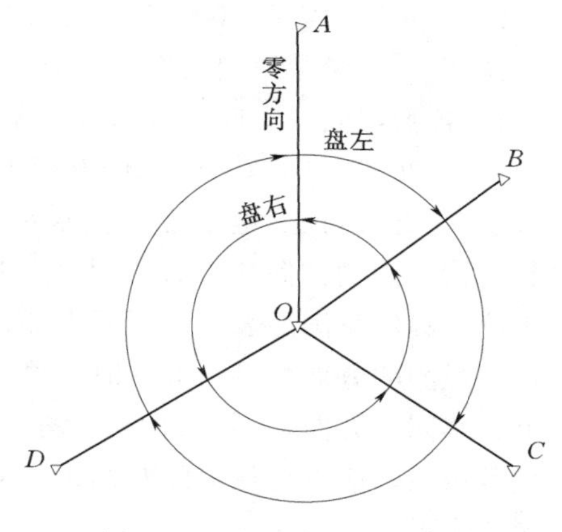

图3-3 全圆测回法示意图

2）在测站点安置经纬仪，并对中、整平。

3）选择与测站相对较远的目标 A 作为零方向。

4）盘左位置，精确瞄准目标 A，配置水平度盘起始读数，读取该读数 $a_{左1}$，并在观测手簿上记录。每一测回开始均需按 $\delta=\frac{180}{n}(i-1)$ 配置度盘读数，n 为测回数，i 为测回的序；顺时针方向旋转照准部，依次瞄准目标 B、C、D，读取水平度盘读数并记录。

5）归零，顺时针方向再次瞄准零方向 A，并读取水平度盘读数 $a_{左2}$、记录。

6）以上4）～6）步称为上半测回，上半测回观测顺序为 $A \to B \to C \to D \to A$。

7）倒转望远镜使仪器成盘右位置，逆时针方向旋转照准部，照准零方向 A，读取度盘读数 $a_{右1}$，并记录。

8）依次照准目标 D、C、B，读取相应的读数 $d_{右}$、$c_{右}$、$b_{右}$，并记入观测手簿中。

9）瞄准目标 A 归零，读取水平度盘读数 $a_{右2}$，并记录，计算归零差并检查其是否超限。

以上7）～9）步为下半测回，下半测回观测顺序为 $A \to D \to C \to B \to A$。

（2）计算。

1）两倍视准轴误差：计算 $2C=L-(R\pm180°)$。其中，L、R 分别为同一测回同一方向盘左、盘右读数。

2）读数的平均值为

$$\text{平均读数}=\frac{L+(R\pm180°)}{2}$$

3）各测回同一方向归零方向值的计算：为便于计算和比较，把起始方向值改化为0°00′00″，为保持计算的角度值不变，则其他方向的方向值也应减去起始方向 A “归零”后的平均值，即

$$\text{归零方向值}=\text{平均值}-\text{零方向平均值}$$

4）测回平均归零方向值的计算，有

$$\text{各测回平均归零方向}=\text{各测回同一方向的归零方向值之和}/\text{总测回数}$$

5）水平角计算。将组成该角的两个方向的方向值相减即可得该水平角。

（3）限差规定。

1）半测回归零差（半测回中两次瞄准起始方向读数之差）不大于18″。

2）上、下半测回同一方向的方向值之差不大于40″。

3）各测回同一方向的方向值之差不大于24″。

4）｜2C互差｜≤36″，2C互差即2C最大值与最小值之差，若有超限则应重测。

注：①全站仪、电子经纬仪水平角观测时不受光学测微器两次重合读数之差指标的限制；②当观测方向的垂直角超过±3°的范围时，该方向2C互差可按相邻测回同方向进行比较，其值应满足表中一测回内2C互差的限值；③观测的方向数不多于3个时可不归零；④观测的方向数多于6个时，可进行分组观测。分组观测应包括两个共同方向（其中一个为共同零方向）。其两组观测角之差，不应大于同等级测角中误差的2倍。分组观测的最后结果，应按等权分组观测进行测站平差；⑤水平角的观测值应取各测回的平均数作为测站成果。

（4）重测规定。

1）2C互差、两个半测回同一方向值互差或各测回同一方向值互差超限时，均应重测超限方向并联测零方向。

2）零方向的2C互差或下半测回的归零差超限，均应重测该测回。方向观测法一测回中，重测的方向数超过该测回方向总数的1/3时，该测回应重测。

3）采用方向观测法时，每站基本测回中重测的方向数，不应超过全部方向测回总数的1/3，否则重测该测回。

4）因读错度盘、测错方向、读记错误、上半测回归零差超限、碰动仪器及其他原因未测定的测回，均应立即重新观测，而不算作重测测回数，称为补测。

5. 注意事项

（1）仪器安置高度应适中。

（2）为减弱目标偏心差应选择与测站点较远的方向作为零方向。

（3）观测员读出数据后，记录员应重报一遍以便核实数据。

（4）立即计算角值，如果超限应重测。

（5）凡读记错误，需更改数据时，将错误数字、文字用横线整齐划去，在其上方写出正确的数字或文字。原错误数字或文字仍能看清楚，以便检查。

6. 上交资料

每组上交一份大于4个方向9个测回的合格成果（所有原始记录一律上交），并提交一份全圆方向观测法实训报告七 并将测量结果填入表3-2中（注：实训报告编写提纲）内容如下：

（1）写明本次实训的名称、目的、时间及地点。

（2）写明所检验仪器的名称及编号。

（3）附观测记录表格及成果整理。

（4）实训体会与建议。

实训报告七

全圆方向法观测记录表

表 3-2 全圆方向法观测记录表

组别： 仪器号码： 年 月 日

测站	测回数	目标	水平度盘读数		2C	平均值	归零方向值	各测回平均方向值	水平角值
			盘左	盘右					
			(° ′ ″)	(° ′ ″)	(″)	(° ′ ″)	(° ′ ″)	(° ′ ″)	(° ′ ″)
O	1	A							
		B							
		C							
		D							
		A							
	2	A							
		B							
		C							
		D							
		A							

3.7 实训项目11 垂直角的观测

1. 实训目的

(1) 理解竖直角的定义。

(2) 掌握竖直角观测的操作方法。

(3) 掌握竖直角观测的记录和计算方法。

(4) 掌握测站各项限差要求，对方向观测的成果质量进行判别及处理的方法。

2. 实训内容

(1) 正确安置经纬仪，严格对中、整平。

(2) 掌握竖直角观测的操作程序。

(3) 掌握竖直角观测的记录和计算成果。

(4) 实验结束时，每人上交一份中丝法、一份三丝法观测竖直角观测记录、计算成果。

(5) 对不合格的成果返工重测。

3. 实训仪器及工具

每4～5人为一个实训小组，每组领用电子经纬仪1台、记录板1块；自备铅笔、小刀、记录手簿、计算器。

4. 实训步骤

（1）中丝法。

1）测前准备。

a. 在测站上安置全站仪，对中、整平，量取仪器高（供计算三角高程用）。

b. 确定竖盘注记形式，从而确定竖直角计算公式。

方法：盘左位置逐渐抬高望远镜，观察竖盘读数是在增大还是减小，若增大，则竖盘为逆时针方向注记，计算竖直角公式为

$$a_{左}=L_{读}-L_{水},a_{右}=R_{水}-R_{读}$$

若减小，则竖盘为顺时针注记，计算竖直角公式为

$$a_{左}=L_{水}-L_{读},a_{右}=R_{读}-R_{水}$$

2）操作步骤。

a. 盘左位置照准目标，固定照准部和望远镜，转动水平度盘微动和竖直度盘微动螺旋，使十字丝中丝精确照准目标棱镜的中心。

b. 全站仪竖盘指标为自动补偿装置，可直接读取读数 L，并记入手簿。

c. 盘右精确照准同一棱镜的中心，按步骤 a 操作，并读数和记录。

d. 根据确定的竖直角计算公式计算竖直角和指标差，即

$$指标差=(L+R-360)/2 \quad (指标差互差不大于25'')$$

（2）三丝法。

1）在测站上安置全站仪，对中、整平，量取仪器高。

2）盘左位置照准目标，固定照准部和望远镜，转动水平度盘微动和竖直度盘微动螺旋，按上、中、下 3 根水平丝，依次照准目标棱镜中心各 1 次，并分别读取竖直度盘读数 L；盘右位置，再按 3 根水平丝依上、中、下次序照准目标棱镜中心，并读取竖直度盘读数 R。

3）按确定的竖直角计算公式计算竖直角和指标差，竖直角计算公式和中丝法一致，即

$$指标差=(L+R-360)/2$$

5. 注意事项

（1）限差规定：垂直角互差不大于 25″，指标差互差不大于 25″。

（2）立即计算角值，如果超限应重测。

6. 上交资料

每组上交一份合格成果（所有原始记录一律上交），并提交一份垂直角观测法实训报告八，并将测量结果填入表 3-3 和表 3-4 中（注：实训报告编写提纲），内容如下：

（1）写明本次实训的名称、目的、时间及地点。

（2）写明所检验仪器的名称及编号。

（3）附观测记录表格及成果整理。

（4）实训体会与建议。

实训报告八

竖直角观测记录表（中丝法）

表 3-3 竖直角观测记录表

组别： 仪器号码： 年 月 日

测站	目标	盘位	竖盘读数	半测回读数	指标差	一测回角值	备注
			(° ′ ″)	(° ′ ″)	(″)	(° ′ ″)	
O	*M*	盘左					
		盘右					
	N	盘左					
		盘右					

表 3-4 竖直角观测记录表（三丝法）

组别： 仪器号码： 年 月 日

测站	目标	盘左	盘右	指标差	垂直角	备注
		(° ′ ″)	(° ′ ″)	(″)	(° ′ ″)	
O	*M*					
	N					

3.8 实训项目 12 导线测量综合实训

1. 实训目的

（1）掌握正确安置全站仪和棱镜的方法，会测量距离和距离测量的观测方法及测站观测数据的记录计算与限差检核。

（2）掌握三角高程测量的观测方法和计算方法。

（3）借助导线测量的外业训练，通过拓展，可以掌握从事高等级导线测量的观测技能与记录计算方法。

2. 实训内容

（1）在校园内，结合场地情况，在给定的已知点间布设 3～4 个导线点组成导线网。

（2）在每个导线点上用全站仪分别进行方向观测二测回，单方向距离测量二测回；双向竖直角观测每方向二测回。

（3）每测站限差合格方可迁站，直至把所有的测站都测完，得到合格的观测数据。

（4）编制已知数据表和观测数据表及导线略图，为导线的平差计算做准备。

3. 实训仪器及工具

每 4～5 人为一个实训小组，每组领取全站仪 1 台（含三脚架）、带觇板的反射棱镜 2

个（含支架）、记录板 1 块；自备铅笔、小刀、直尺、记录表。

4. 实训步骤

（1）在测区选好控制点，保证相邻两控制点之间能够相互通视，并且通过控制点能够方便、清楚地看到碎步点。

（2）布设控制点以后就要开始导线网的测量（导线网的布设多采用闭合导线，也可在闭合导线的基础上布设支导线，但由于无法检核支导线的精度，所以应该尽量少布设支导线，且支导线上的控制点不应该多于 3 个），具体操作为：选择一个控制点，在上面架设好仪器，进行对中、整平后开始定磁北方向，置零，然后顺时针方向转到待测边，即可得到该边的方位角，用盘左、盘右的方法测得角度，以得到内角，多次测量测站点到其他邻近控制点的距离，求平均，得到精度较高的边长值。

（3）内业计算。根据测得的第一个方位角以及导线网中的各内角求得各边的方位角，检查精度，如果精度满足要求，则根据变长求出 Δx，Δy，检查 f 是否满足精度要求，若满足则根据已知测站点的坐标推算出各站点的坐标。

5. 上交资料

（1）合格的导线记录表。

（2）导线计算略图、已知数据表和观测数据表（表 3－5 和表 3－6）。

实训报告九

导线测量外业记录表

表 3－5　　导线测量外业记录表（角度测量）

日期：______年______月______日　天气：______　仪器型号：______________组号：______

观测者：______________记录者：______________　参加者：______________

测点	盘位	目标	水平度盘读数 (° ′ ″)	水平角		备 注
				半测回值 (° ′ ″)	一测回值 (° ′ ″)	

续表

测点	盘位	目标	水平度盘读数 (° ′ ″)	水平角		示意图及边长
				半测回值 (° ′ ″)	一测回值 (° ′ ″)	
校核		内角和闭合差 $f=$				

表3-6　导线测量外业记录表（距离观测）

边名	往测	返测	平均值	相对闭合差	备注

第4章 施 工 测 量

4.1 实训项目13 全站仪的施工放样（一）

1. 实训目的

通过实训，使学生了解全站仪放样操作，掌握边长、方向、坐标放样操作步骤。

2. 实训内容

（1）已知一个已知点坐标和一段已知距离，在地面上把这段距离放样出。

（2）已知一个角度和角度一条边，放样出角度另一边。

（3）已知两个已知点坐标，放样出第三个待定点。

3. 实训仪器及工具

每4～5人为一个实训小组，每组领用全站仪1套（包括三脚架），棱镜、棱镜杆、记号笔；自备铅笔、小刀、记录手簿、计算器。

4. 操作步骤

（1）距离放样。

1）在已知点上整置全站仪。

2）定出放样距离的方向，沿着方向放置棱镜并测距，最后定出要放的距离。

（2）角度放样。

1）在已知点上整置全站仪。

2）盘左观测，照准已知方向，旋转放样的角度，定出一个方向线。

3）盘右观测，照准已知方向，旋转放样的角度，定出第二条方向线。

4）取两边的平均，就是要放样的角度。

（3）坐标放样。

1）在已知点上整置全站仪。输入测站点、后视点已知信息，定向。

2）输入放样点坐标，旋转照准部，放样角度，使 $d_{HR}=0$。

3）沿定出来的方向放样距离，使 $d_{HD}=0$，最后定出放样点点位，做出标志。

5. 实训报告

本次实训以实际操作为主，指导老师检查学生放样的步骤是否正确。

4.2 实训项目14 全站仪的施工放样（二）

1. 实训目的

利用全站仪实地进行施工放样。

2. 实训内容

如图4-1所示，选择100m×35m的一个开阔场地作为实验场地，先在地面上定出水平距离为55868m的两点，将其定义为已知点A_5、A_6，其中A_5同时兼作水准点。

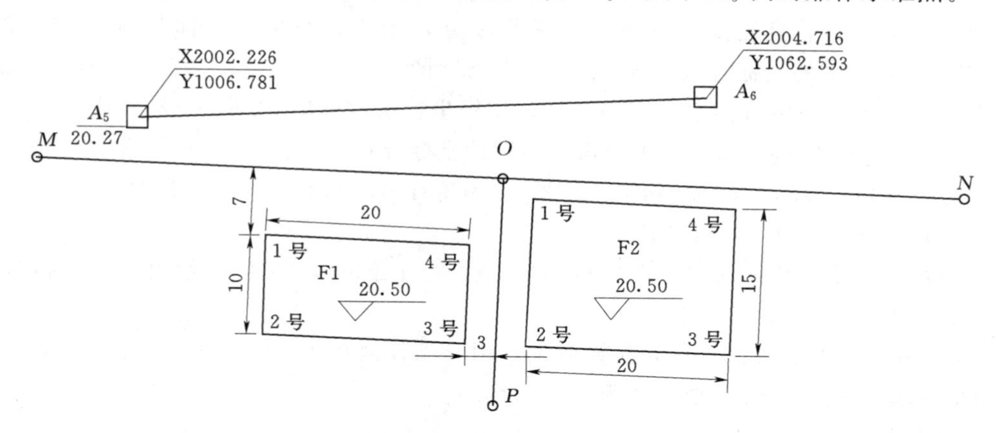

图4-1 实验场地施工图

已知各点在城市坐标系中的坐标如下：

A_5（2002.226，1006.781，20.27），A_6（2004.716，1062.593），

M（1998.090，996.815），O（1996.275，1042.726），

N（1994.410，1089.904），P（1973.085，1041.808）。

3. 实训仪器及工具

每4～5人为一个实训小组，每组领用全站仪1套（包括三脚架），棱镜、棱镜杆、记号笔；自备铅笔、小刀、记录手簿、计算器。

4. 操作步骤

（1）T形建筑基线的测设。

1）根据建筑基线M、O、N、P 4点的设计坐标和导线点A_5、A_6坐标，用极坐标法进行测设，并打上木桩。

2）测量∠MON，要求其与180°之差不得超过±24″，再丈量MO、ON的距离，使其与设计值之差的相对误差不得大于1/10000。

3）在O点用正倒镜分中法，拨角90°，并放样距离OP，在木桩上定出P点的位置。

4）测量∠PON，要求其与90°之差不得超过±24″，再丈量OP距离，与设计值之差的相对误差不得大于1/10000。

（2）根据建筑基线进行建筑物的定位。

1）根据图4-1中的待建建筑物F1与建筑基线的关系，利用建筑基线，用直角坐标法放样出F1的1号、2号、3号、4号4个角桩。

2）检查1～2个角桩的水平角与90°的差是否小于±30″，距离与设计值之差的相对误差不得大于1/3000。

3）以A_5高程（20.27m）为起算数据，用全站仪测出F1的1号、2号、3号、4号4个角桩的填挖深度（F1的地坪高程为20.50m）。

(3) 根据导线进行建筑物的定位。

1) 设图4-1中 NOP 构成的是建筑施工坐标系 AOB，并设待建建筑物F2在以 O 点为原点的建筑施工坐标系 AOB 中的坐标分别为1号 (3, 2)、2号 (3, 17)、3号 (23, 17)、4号 (23, 2)，且已知建筑坐标系原点 O 在城市坐标系中的坐标为 O (1996.275, 1042.726)，OA 轴的坐标方位角为 $92°15'49''$，试计算出1号、2号、3号、4号点在城市坐标系中的坐标，并在 A_6 测站，后视 A_5，用极坐标法放样出F2的1号、2号、3号、4号4个角桩。[参考答案：F2的4个角桩的设计坐标分别如下：

1号 (1994.158, 1045.644)、2号 (1979.170, 1045.051)、3号 (1978.378, 1065.035)、4号 (1993.366, 1065.629)]。

2) 检查1～2个角桩的水平角与90°的差是否小于±30″，距离与设计值之差的相对误差不得大于1/3000。

3) 以 A_5 高程 (20.27m) 为起算数据，用全站仪测出F2的1号、2号、3号、4号4个角桩的填挖深度 (F2的地坪高程为20.50m)。

5. 实训报告

本次实训以实际操作为主，指导教师检查所放点的位置是否正确。

4.3 实训项目15 全站仪坐标测量

1. 实训目的

(1) 掌握坐标测量基本原理。

(2) 掌握利用全站仪进行坐标测量的外业工作程序与方法。

2. 实训内容

(1) 已知两个已知点坐标，测出待定点坐标。

(2) 用全站仪测量出单一闭合导线。

3. 实训仪器及工具

每4～5人为一个实训小组，每组领用全站仪一套 (包括三脚架)，棱镜、棱镜杆、记号笔，自备铅笔、小刀、记录手簿、计算器。每组设组长1名。1人观测，1人扶棱镜，1人做标记，小组每个成员轮换操作。

4. 操作步骤

(1) 仪器的安置。

1) 如图4-1在实验场地上选择一点 A_6 作为测站，另外找一点为后视点 A_5，来测量另外4点1、2、3、4的坐标。

2) 将全站仪安置于 A_6 点，对中、整平。打开电源，显示器初始化，检查电量，设置各种参数和测量模式。

3) 在后视点和要测量的点上分别安置棱镜。

(2) 仪器的操作。

在前面的设置工作结束并确认无误后，就可进行坐标测量工作了。以南方全站仪为例，开机→按MENU键→F1 (输入) 输入一个文件名→F4 (确定) →F1 (测站设置) →

F2（后视设置）→F3（前视点测量），进行坐标测量。

（3）坐标测量计算公式。

坐标增量计算式为

$$\Delta X_{AB}=S_{AB}\cdot\cos\alpha_{AB}$$

$$X_B=X_A+\Delta X_{AB}$$

$$\Delta Y_{AB}=S_{AB}\cdot\sin\alpha_{AB}$$

$$Y_B=Y_A+\Delta Y_{AB}$$

式中 X_A，Y_A——测站的 X 轴、Y 轴的数值；

X_B，Y_B——测点的 X 轴、Y 轴的数值；

ΔX_{AB}，ΔY_{AB}——测站坐标的 X 轴、Y 轴的坐标增量；

α_{AB}——测点方位角。

（4）导线测量。

选一闭合导线，利用全站仪数据采集功能，进行闭合导线坐标测量，测出所有待定点坐标。

5. 注意事项

在测量过程中，应注意以下事项：

（1）每迁站一次，都应重新设置测站点坐标和仪器高。

（2）在测量过程中，如果需要改变棱镜高，则在仪器里面也要做相应的改变，才能测量出正确的高程值。

（3）在测量未知点坐标之前，一定要选择一个已知点作为检查点，在没有更多已知点作为检查点时，也可选择后视点作为检查点，以保证后续测量工作的正确性。

（4）在地形图测量工作中，需要测量大量的碎部点坐标，可以利用全站仪数据采集功能进行坐标测量。

6. 实训报告

本次实训以实际操作为主，教师可抽查学生的动手能力。

4.4 实训项目 16 全站仪数据传输

1. 实训目的

（1）掌握全站仪数据传输的流程。

（2）掌握全站仪及 CASS 软件数据传输参数的设置。

2. 实训内容

（1）把本组用全站仪野外采集的数据传输出来。

（2）解决数据传输过程中出现的各种问题。

3. 实训仪器及工具

每 4～5 人为一个实训小组，每组领用本组数据采集时的所使用的全站仪及配套数据线、计算机及 CASS 软件。

4. 操作步骤

全站仪数据传输的方法一般有两种，一种是不同型号的仪器配套相应的传输软件进行数据传输，另一种是利用CASS软件中的数据传输功能进行。大部分的仪器型号CASS软件都能识别，因此下面以CASS软件数据传输为例来演示具体步骤。

（1）将全站仪与计算机用数据传输线连接。

（2）进入CASS选择“数据”菜单，如图4-2所示。一般是读取全站仪数据。还能通过测图精灵和手工输入原始数据来输入。

（3）选择正确的仪器类型，设置好参数（与全站仪的传输参数一致即可），如图4-3所示。

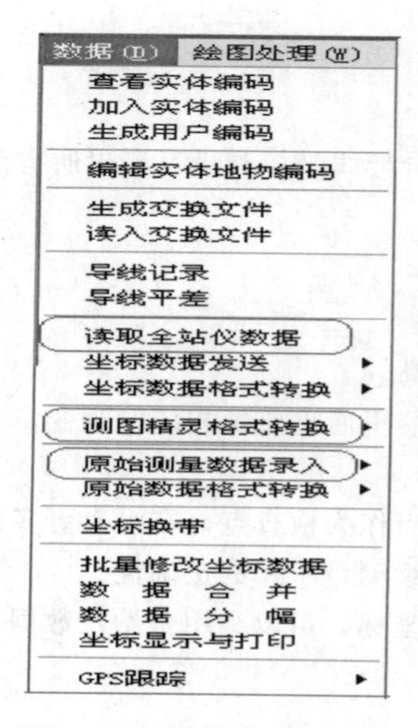

图4-2 选择“数据”菜单

图4-3 设置参数

（4）选择“CASS坐标文件”，并在文本框中输入文件名。

（5）单击“转换”按钮，即可将全站仪里的数据转换成标准的CASS坐标数据。

5. 注意事项

如果仪器类型里无所需型号或无法通信，先用该仪器自带的传输软件将数据下载。将“联机”复选框取消勾选，“通讯临时文件”框选择下载的数据文件，在“CASS坐标文件”文本框中输入文件名。单击“转换”按钮，也可完成数据的转换。

6. 实训报告

以实际操作为主，并上交数据传输的电子文档，交教师批阅。

4.5 实训项目17 纵断面图的测绘

1. 实训目的

（1）熟练掌握断面图野外测量的方法。

(2) 掌握断面图内业成图的技巧。

2. 实训内容

(1) 全站仪野外采集数据。

(2) 室内内业成图。

3. 实训仪器及工具

每 4～5 人为一个实训小组，每组领用全站仪 1 台套、计算机（带有成图软件）。

4. 实训步骤

(1) 全站仪野外采集数据。

纵断面图的绘制有两种情况，一是根据沿已有道路中线采集的数据绘制；二是根据地形碎部数据绘制。这里主要讲解根据地形碎部高程数据绘制的过程，要求在实地采集地形碎部数据，外业采集方法等同于地形测图碎部数据采集方法。

(2) 内业成图方法。

CASS 7.1 成图软件中提供断面图绘制的方法有很多，这里以根据坐标文件、里程文件或图上已有的高程点绘制纵断面图为例进行实训，并标注地面高程、里程、100m 桩。首先选择"工程应用"菜单中"绘断面图"子菜单，如图 4-4 所示。

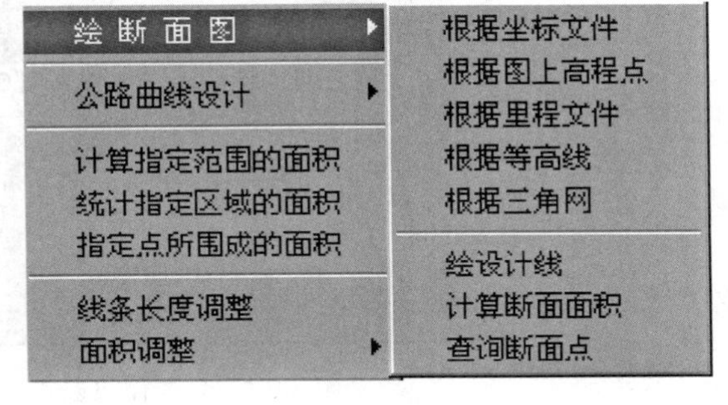

图 4-4 "绘断面图"子菜单

1) 根据坐标文件绘制。

功能：根据坐标文件绘制纵断面图。首先沿设计线位置画一条复合线。

操作：按命令栏提示进行操作。

提示：选择断面线，用鼠标选取所画复合线。在系统弹出的对话框中打开对应的数据文件。

请输入采样点间距（米）：＜20＞：根据工程要求，输入采样点间距，间距越小，所绘断面图越详细。系统默认采样间距为 20m。

系统弹出"绘制纵断面图"对话框，如图 4-5 所示，设置参数后单击"确定"按钮即可。

注：绘制标尺便于大图分割打印后拼图。

说明："断面图位置"可手工录入，也可单击文本框右边按钮再在图面上选择。

"绘制标尺"，选中"内插标尺"复选框后在"内插标尺的里程间隔"文本框中设置间距值。

"距离标注"有"里程标注"和"数字标注"两种方式供选择。

"高程标注位数"是指小数点后的数字位数。

"方格线间隔"，若不选"仅在结点画"复选框，则需要设置方格间距。

2) 根据图上高程点绘制。

功能：根据图上已有的高程点绘制断面图。需事先展高程点，并需沿设计线位置画一

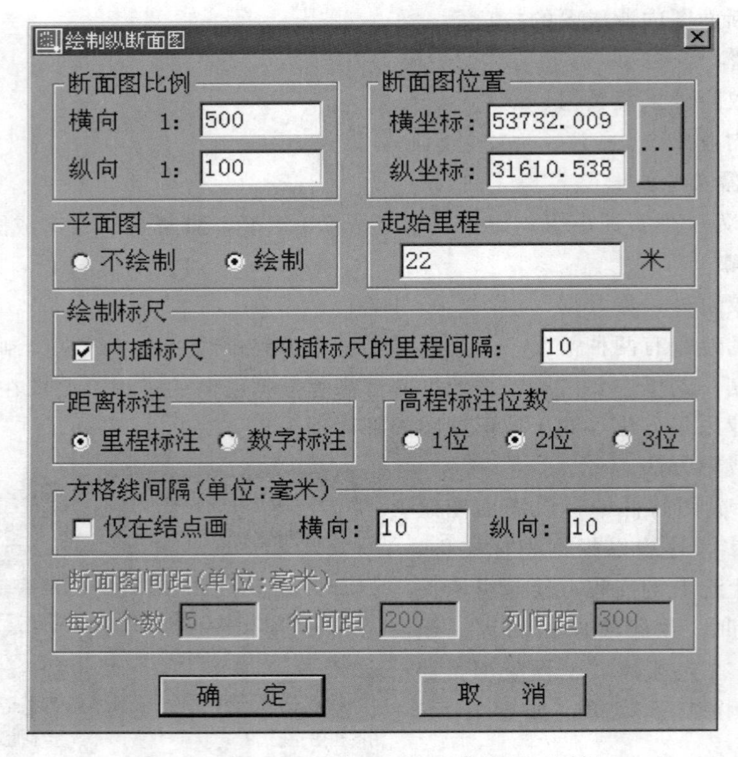

图 4-5 “绘制纵断面图”参数设置对话框

条复合线。

操作过程：与根据坐标文件的操作方法相同，不同的是无需选择数据文件或者是高程点，系统能够自己搜索图面提取判断数据。

3）根据里程文件绘制。

功能：根据里程文件绘制断面图。

操作过程：按命令栏提示进行操作。

提示：在系统提示下打开所需的里程文件，然后在弹出的“绘制纵断面图”对话框中设置参数。系统会根据里程文件按里程生成断面图。

说明：一个里程文件可有多个断面信息，一个断面信息内可有该断面不同时期的断面数据。

5. 上交资料

实训结束后，每位同学需提交将自己所在组测绘的断面线图。

4.6 实训项目18 土石方的测量与计算

1. 实训目的

（1）熟练掌握土石方野外测量的方法。

（2）掌握土石方量内业计算的技巧。

2. 实训内容

(1) 全站仪野外采集数据。

(2) 室内内业计算土石方量。

3. 实训仪器及工具

全站仪 1 台套、计算机(带有成图软件)。

4. 实训步骤

(1) 全站仪野外采集数据。

土石方量测量外业采集方法等同于地形测图碎部数据的采集方法。

(2) 内业计算过程。

CASS 7.1 成图软件中提供土石方量计算的方法有方格网法土方计算、DTM 法土方计算、断面法土方计算、等高线法土方计算等,如图 4-6 所示。这里是以方格网法土方计算、DTM 法土方计算为例进行实训,其他方法由学生自行练习。

1) 方格网法土方计算。方格网法土方计算是利用在图上的土方测算范围内绘小方格,先算出每一个方格内的填挖土方量再累加的方法来进行场地平整的土方量计算。

操作过程:先在图上展点并用封闭复合线绘出要平整场地的范围,再执行本命令,在弹出的搜索文件对话框中给出计算用的高程坐标数据文件后依命令行提示操作。

软件提示过程:选择土方计算边界线,选中事先画好的边界线→输入方格宽度:(米)<20>输入方格的宽度→最小高程=XX.XXX,最大高程=XX.XXX,给出场地高程信息→设计面是:(1) 平面 (2) 斜面 (3) 三角网文件 <1>选择场地平整方式。

若选 1 则提示:

输入目标高程:(米) 输入目标高程→

显示计算结果总填方=XXX.X 立方米,总挖方=XXX.X 立方米

若设计面是斜面,则提示:

点取高程相等的基准线上两点,第一点:捕捉基准线的第一点

第二点:捕捉基准线的第二点→

输入基准线设计高程:(米) 输入设计高程→

斜面的坡度为百分之:输入设计坡度→

指定设计高程高的方向:用鼠标指定坡顶方向→

显示计算结果总填方=XXX.X 立方米,总挖方=XXX.X 立方米

2) DTM 法土方量计算。由 DTM 计算土方量是由 DTM 模型计算平整土地时的填挖土方量,系统将显示三角网,填挖边界线和填挖土方量,如图 4-7 所示。

a. 根据坐标文件。根据坐标数据文件和设计高程计算指定范围内填方和挖方的土方量,计算前应先用复合线画出所要计算土方的区域。

操作过程:点取本菜单命令后按命令行提示进行操作。

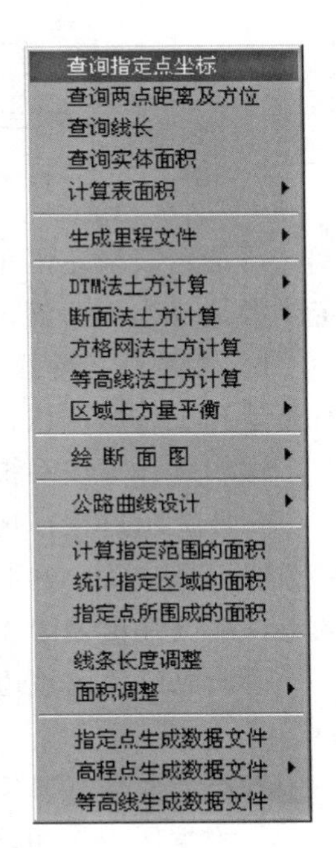

图 4-6 计算方法菜单命令

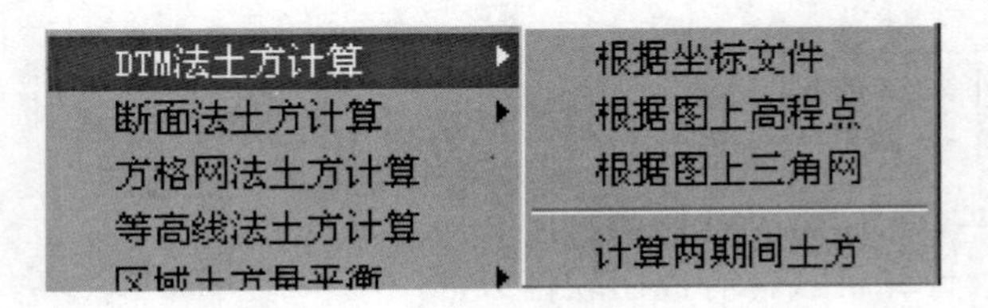

图4－7　“DTM法土方计算”子菜单

操作时应定显示区，并画出所要计算土方量的区域（用复合线画，不要拟合）。

软件提示过程：请选择：（1）根据坐标数据文件（2）根据图上高程点，根据实际情况选择，然后选择土方边界线，选择填挖方区域边界，系统弹出如图4－8所示的“DTM土方计算参数设置”对话框。其中，参数设置中包括“平场标高”、“边界采样间距”。选中“处理边坡”复选框，则系统可根据边坡参数来计算土方量。

单击“确定”按钮之后系统会有信息提示，如图4－9所示。

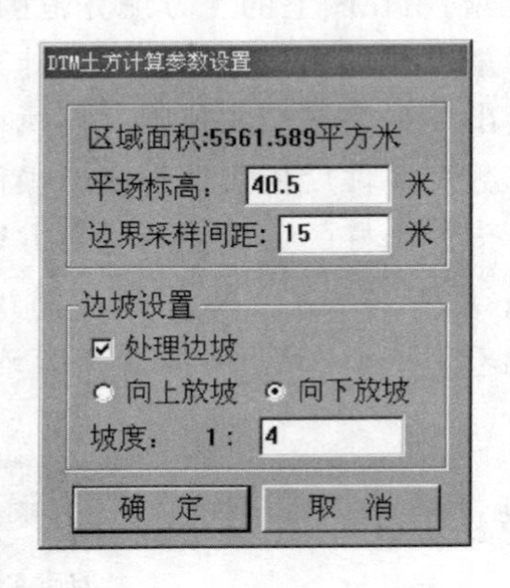

图4－8　“DTM土方计算参数设置”对话框

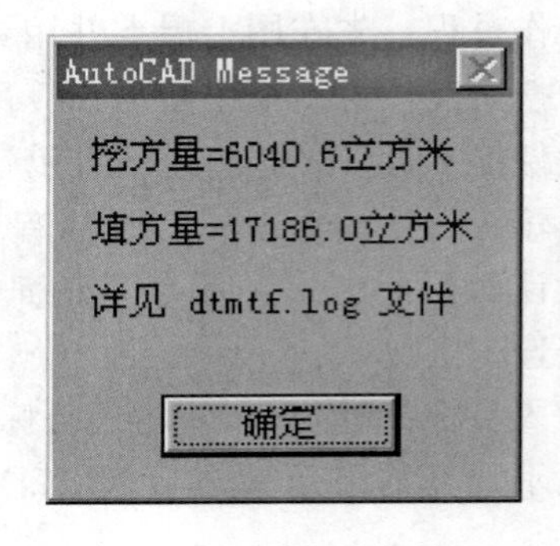

图4－9　CASS信息提示

请指定表格左下角位置：＜直接回车不绘表格＞指定表格的左下角的坐标，鼠标确定或者是录入坐标值。

b. 根据图上高程点。根据图上已有的高程点计算土方量。计算前应先用复合线画出所要计算土方的区域，并且将高程点展在图上。

操作过程：按系统提示完成操作即可。

软件提示过程：选择土方边界线

请选择：（1）选取高程点的范围（2）直接选取高程点或控制点＜2＞选择土方计算区域，系统弹出如图4－8所示的土方计算参数设置对话框。

请选取建模区域边界：选择土方计算区域，系统弹出填挖土方量信息提示框（图4－9）。

请指定表格左下角位置：＜直接回车不绘表格＞

c. 根据图上三角网。

软件提示过程：平场标高（米）：输入设计高程

请在图上选取三角网：用鼠标点取要进行计算的三角网，可拉对角线批量选取。

回车之后，系统弹出填挖方量信息提示（图4-9）。

当自动生成的三角网无法正确表示计算土方区域时采用本方法。

d. 计算两期间土方。计算一工程前后的土方开挖量。

操作过程：第一期三角网：（1）图面选择（2）三角网文件 <2>选择开挖前的三角网

第二期三角网：（1）图面选择（2）三角网文件 <1> 选择开挖后的三角网

系统弹出信息提示框（图4-9）。

图面选择是在图上直接选取三角网，三角网文件指的是打开原先导出的三角网文件。

5. 上交资料

实训结束后，每位同学需提交将自己所在组计算的土石方量数据。

参 考 文 献

[1] 牛志宏．水利工程测量．北京：中国水利水电出版社，2005.
[2] 刘飞．控制测量学实训指导书．武汉：武汉理工大学出版社，2011.